Rüdiger Bültmann

Anwendungsorientierung im Mathematikunterricht - Vorteile und Gefahren dieser Methode

GRIN Verlag

Bibliografische Information der Deutschen Nationalbibliothek:

Die Deutsche Bibliothek verzeichnet diese Publikation in der Deutschen National-
bibliografie; detaillierte bibliografische Daten sind im Internet über http://dnb.d-
nb.de/ abrufbar.

Impressum:

Copyright © 2004 GRIN Verlag GmbH
Druck und Bindung: Books on Demand GmbH, Norderstedt Germany
ISBN: 978-3-638-79007-9

Dieses Buch bei GRIN:

http://www.grin.com/de/e-book/35898/anwendungsorientierung-im-mathematik-
unterricht-vorteile-und-gefahren

GRIN - Your knowledge has value

Der GRIN Verlag publiziert seit 1998 wissenschaftliche Arbeiten von Studenten, Hochschullehrern und anderen Akademikern als eBook und gedrucktes Buch. Die Verlagswebsite www.grin.com ist die ideale Plattform zur Veröffentlichung von Hausarbeiten, Abschlussarbeiten, wissenschaftlichen Aufsätzen, Dissertationen und Fachbüchern.

Besuchen Sie uns im Internet:

http://www.grin.com/

http://www.facebook.com/grincom

http://www.twitter.com/grin_com

Anwendungsorientierung im Mathematikunterricht

SS 2004

Seminar: Proseminar Mathedidaktik

Universität Osnabrück

Inhaltsverzeichnis

1. Zeitliche Entwicklung der Anwendungsorientierung in Deutschland

Bei der Entwicklung des Mathematikunterrichts gab es Wellenbewegungen, bei denen der Anwendungsaspekt forciert und wieder zurückgedrängt wurde.

Bis Beginn des 19. Jahrhunderts waren Anwendungen ein integraler Bestandteil des Mathematikunterrichts. Ein neuhumanistisches Bildungsideal war bei der preußischen Schulreform vorherrschend, bei der formale Ziele im Mittelpunkt standen und das Gymnasium die Allgemeinbildung fördern sollte. Mathematik war in dieser Zeit besonders wichtig für Technik und Forschung[1].

Anfang des 20. Jahrhunderts gab es eine neue Reformbewegung bei der Anwendungen wieder mehr Bedeutung bekamen. Die 1905 entwickelten Meraner Lehrpläne hatte zum Ziel, eine ausgewogene Position zwischen formalen und materiellen Zielen des Mathematikunterrichts zu vermitteln. Klein, einer der Hauptinitiatoren der Meraner Lehrpläne, plädiert einerseits für *„eine praktische Differential- und Integralrechnung, welche sich auf einfachste Beziehungen beschränkt..."*, warnt aber andererseits davor, dass *„beim mathematischen Unterrichte vor lauter Vorführung interessanter Anwendungen die eigentliche logische Durchbildung vorkümmern [kann]"* (*Klein*, 1904)[2].

Bis in die Nachkriegszeit hinein wurden die Meraner Lehrpläne konkretisiert und fortbeschrieben. Die Schülerinnen und Schüler konnten so einen Gesamteindruck von einer geordneten, auf sich aufbaubaren Wissenschaft bekommen, die für viele Wissenschaften und Verhältnisse des praktischen Lebens bedeutsam ist.

Im dritten Reich gab es eine Pervertierung des Anwendungsstandpunktes, z.B. durch Bevölkerungsstatistiken, Biometrie, Militärmathematik, usw..

Bis Ende der 60er war der *„traditionelle Mathematikunterricht"* (*Lenné*, 1969) vorherrschend, bei dem an die Meraner Lehrpläne angeknüpft wurde. Typisch war hierbei die Aufgabendidaktik. Mathematik- und Physikunterricht wurden verknüpft, Anwendungs-aufgaben wurden aber zunehmend lebensfremd. Der Mathematikunterricht erschien mehr als eine Sammlung von unverbundenen Aufgabentypen[3].

---

[1] BLUM, W., TÖRNER, G.: *Didaktik der Analysis*, Göttingen: Vandenhoeck & Ruprecht, 1983.
[2] TIETZE, U., KLIKA, M., WOLPERS, H.: *Mathematikunterricht in der Sekundarstufe*, Braunschweig/ Wiesbaden: Vieweg, 1997.
[3] Siehe 2

Ab Mitte der 60er Jahre gab es dann eine Reform im Sinne der *Neuen Mathematik*. Anwendungen wurden ausgeklammert und als trivial abgetan. Inhalt, Sequenzierung und Ausdrucksweise des Mathematikunterrichts wurden an die universitäre Vorlesung angelehnt. Ab Mitte der 70er gab es eine Rückbesinnung auf Verknüpfung des Mathematikunterrichts mit anderen Disziplinen. Blum bezeichnet dies sogar als eine „Anwendungswelle"[4]. Neue Tendenzen sind die Schülerorientierung, der fächerübergreifende Unterricht und ein möglichst realitätsnaher Unterricht. Dabei wird besonderer Augenmerk auf die Rolle der Mathematik in der Umwelt und auf den Einbezug von Rechnern und neuen Technologien gesetzt.

2. Der Modellbildungsprozess

Ausgangspunkt ist stets ein *Problem*, das nicht aus der Mathematik, sondern aus der *Realität* stammt. Dabei sind besonders Bereiche wie Naturwissenschaft und Technik, Wirtschafts- und Sozialwissenschaften und Umwelt- und Verkehrsfragen von Bedeutung.

Das folgende Kreislaufschema verdeutlicht den Modellbildungszyklus nach W. Blum[5]:

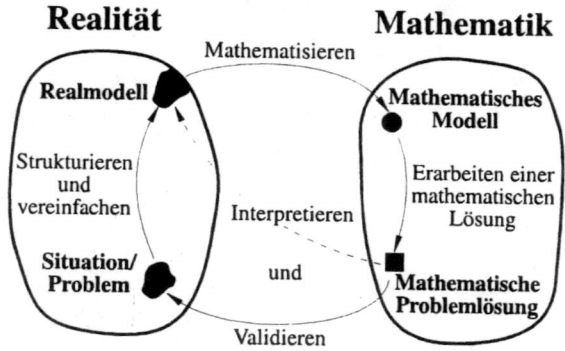

1.Schritt: Schaffung eines Realmodells: Möglichst alle Voraussetzungen, Bedingungen und Einflussgrößen werden *erfasst* und die Situation in Hinblick auf das Problem *strukturiert*. Es ist oft gar nicht nötig das Problem in allen Einzelheiten zu kennen. *Vereinfachungen* und *Idealisierungen* müssen durchgeführt werden um das Problem wirklich handhabbar zu machen. Dazu schreibt W. Ebenhöh: *„Die eigentliche Stärke der Modellbildung ist, die*

---

[4] Siehe 1
[5] Siehe 2

3

unendlich komplizierte Wirklichkeit auf den Komplexitätsgrad zu reduzieren, der entsprechend unseres augenblicklichen Wissensstandes gerade noch beherrschbar ist."[6]

2. Schritt: Die Mathematisierung des Realmodells ist als die Übersetzung eines umgangssprachlich formulierten Modells in ein formales *mathematisches Modell* zu verstehen, beispielsweise durch Mengen, Funktionen, Graphen, Matrizen, usw.. Das Realmodell und das mathematische Modell entsprechen sich weitgehend.

3. Schritt: Erarbeitung einer mathematischen Lösung. Im Modellbildungsprozess ist dies der unproblematischste Schritt, da er „nur" innermathematisch verläuft. Entweder gibt es eine mathematische Lösung oder das mathematische Problem ist bisher ungelöst. Ist dies der Fall, muss ein anderes Modell gewählt werden.

4.Schritt: *Interpretation* der mathematischen Lösung und *Validierung* des Modells:

Unter *Interpretation* versteht man die Rückübersetzung der mathematisch gewonnenen Ergebnisse in die Realität. Mit *Validierung* ist die Überprüfung, ob die mathematische Lösung nach Rückinterpretation tatsächlich eine Lösung des ursprünglichen außermathematischen Problem darstellt, gemeint. Dieser Punkt ist nicht rein innermathematisch beantwortbar.

Wenn nach Interpretation der mathematischen Lösung bzw. bei derValidierung des Modells keine Widersprüche aufgetreten sind, ist man fertig. Gibt es doch Probleme, muss ein fünfter Schritt vorgenommen werden.

5. Schritt: Veränderung des Modells: Die Brauchbarkeit des entwickelten Modells muss angezweifelt werden und der gesamte bisherige Prozess mit einem abgeänderten oder neuen Realmodell durchlaufen werden. Allerdings hängt der nochmalige Durchlauf von den Zielvorstellungen des Modellbildners ab.

Es gibt nach S. Schmidt drei Arten von Modellbildungsfehlern[7]:

„Innermathematische Verfahrensfehler" können bei der Erarbeitung der mathematischen Lösung auftreten. So kann nach Rückübersetzung in die Realität eine falsche Sichtweise der Realität entstehen. Innermathematische Verfahrensfehler sind leicht zu erkennen, da nur mathematische Kenntnisse erforderlich sind.

„Modellbildungsfehler" entstehen, wenn ein falsches mathematisches Modell gewählt wird. Hier muss man beim Realmodell ansetzen. Modellbildungsfehler sind schwerer zu erkennen als innermathematische Verfahrensfehler, da unter Umständen auch Sachkenntnisse erforderlich sind. Es können zu starke Vereinfachungen vorgenommen worden sein, oder es liegt eine Fehleinschätzung der Realsituation vor.

---

[6] EBENHÖH, W.: *Mathematische Modellierung – Grundgedanken und Beispiele.* MU 36 (4), 1990, S. 5-15.
[7] SCHMIDT, S.: *Mathematik als Entscheidungsgrundlage.* MU 38 (4), 1992, S. 10ff.

Am schwerwiegensten sind „*Entscheidungsfehler für die mathematische Modellbildung"*. Solche Fehler beziehen sich auf den Modellbildungsprozess als Ganzes und einen fragwürdigen Einsatz der Mathematik. Sie sind schwer zu erkennen und oft nicht eindeutig. Bei der Fehleranalyse ist ein Meta-Wissen über die Möglichkeiten und Grenzen der Mathematik nötig.

3. Ziele eines anwendungsorientierten Mathematikunterrichts

W. Blum unterscheidet zwischen vier Typen von Argumenten für Anwendungsbezüge[8]:

„Pragmatische Argumente":

Anwendungsaufgaben können eine Hilfe für die Schülerinnen und Schüler beim Verstehen und Bewältigen von Umweltsituationen sein und sie zu mündigen Bürgern in einer demokratischen Gesellschaft erziehen. Außerdem kann außermathematisches Wissen zur Berufs- und Studienvorbereitung vermittelt werden.

„Formale Argumente":

Modellbildungen bieten gute Möglichkeiten allgemeine Qualifikationen wie z.B. Problemlösen, Argumentieren usw. zu erwerben und fördern die Kommunikation mit anderen Menschen. Die Schülerinnen und Schüler werden ermutigt in neuartigen Situationen eine Bereitschaft zum Agieren zu entwickeln.

„Kulturbezogene Argumente":

Die Vermittlung eines ausgewogenen Bildes von Mathematik als kulturelles und gesellschaftliches Gesamtphänomen ist ein wichtiges Lernziel der Schulmathematik. Die Schülerinnen und Schüler können mit Hilfe von Anwendungsaufgaben ein Meta-Wissen über Mathematik entwickeln, indem Möglichkeiten und Grenzen der Mathematik aufgezeigt werden.

„Lernpsychologische Argumente":

Anwendungsaufgaben könne das Verstehen erleichtern und längerfristiges Behalten mathematischer Inhalte unterstützen. Es kann weiterhin eine Motivationssteigerung und eine Verbesserung der Einstellung zur Mathematik erreicht werden.

Wichtig sind bei allen vier Aspekten realistische Anwendungen.

---

[8] BLUM, W.: *Anwendungsorientierter Mathematikunterricht in der didaktischen Diskussion.* MS 32 (2), 1985, S. 195-232.

4. Die Rolle des Rechners im Mathematikunterricht

Der Einsatz von Rechner im Mathematikunterricht eröffnet den Lehrkräften und den Schülerinnen und Schülern neue Möglichkeiten. Durch Verkürzung einiger Themen entsteht Platz für neue Themen. Mathematische Sachzusammenhänge können bildhaft dargestellt werden und ein experimentelles und schöpferisches Nähern an mathematische Themen kann ermöglicht werden. Routinen verlieren so an Bedeutung und semantische Gesichtspunkte können in Vordergrund treten.

Es gibt verschiedenen Programme, die auf unterschiedliche Weise im Unterricht eingesetzt werden können. Dazu gehören

- Numerische Programme zur Berechnung komplexer Aufgaben in der Algebra
- Funktionenplot-Programme/ Graphikprogramme
- Programme zur elementaren Geometrie
- Programme zur beschreibenden Statistik und zur Datenanalyse
- Tabellenkalkulationsprogramme
- Symbolverarbeitende Systeme/ Computeralgebrasysteme

Der Rechner kann im Mathematikunterricht in mehreren Funktionen eingesetzt werden, nämlich „als *Medium*, als *Werkzeug*, als *Tutor* und als *Entdecker*"[9].

Er fungiert als „*Medium*" zur Darstellung, Demonstration und Veranschaulichung mathematischer Phänomene wie Kurven, Funktionen, Verteilungen usw.. Nullstellen lassen sich schätzen oder numerisch lösen.

Der Rechner als „*Werkzeug*" dient der Einübung gewisser Techniken und der Verringerung des Rechenaufwands. Er ist allerdings nicht nur als „Rechenknecht", sondern als Unterstützer des Verständnisses mathematischer Begriffe und Verfahren zu sehen. Er kann von umfangreichen Rechnungen befreien und so den Blick auf die Entwicklung von Lösungsstrategien und der Interpretation von Ergebnissen frei machen. Realitätsnahe Aufgaben können mit dem Werkzeug Rechner besser eingesetzt werden.

Es ist denkbar den Rechner auch als „*Tutor*" einzusetzen. Mit Hilfe von spezieller Software kann der Rechner so den individuellen Lernprozess der Schülerinnen und Schüler verfolgen, Fehleranalysen betreiben und gegebenenfalls angemessen reagieren.

Der Rechner als „*Entdecker*" von mathematischen Zusammenhängen kann eine Hilfe beim Entwickeln und Überprüfen von Hypothesen sein. Für einen experimentellen Unterricht kann der Rechner so ein wichtiges Hilfsmittel sein.

---

[9] Siehe 2

Man kann beim Rechnereinsatz im Mathematikunterricht von zwei Seiten aus vorgehen. Entweder werden Begriffe und Verfahren zunächst ohne den Rechner eingeführt und danach mit Hilfe des Rechners angewandt, oder man arbeitet mit Verfahren und Begriffen, ohne diese vorher theoretisch genauer erörtert zu haben, und sammelt dabei Erkenntnisse über deren Eigenschaften[10].

Die Schülerinnen und Schüler müssen aber auch sensibilisiert werden, die Grenzen des Rechnereinsatzes zu erkennen. Sie dürfen den Ergebnissen nicht blind vertrauen und müssen den Rechner sinnvoll einsetzen können. Die Schülerinnen und Schüler müssen verstehen, dass ohne ausreichende mathematische Fähigkeiten der Rechner nutzlos ist.

5. Extremwertproblem Milchtüte

Die „Milchtütenaufgabe" ist ein siegreicher Beitrag von H. Böer zu einem Wettbewerb, den die internationale ISTRON-Gruppe 1991 ausgeschrieben hatte. Gesucht wurden anwendungsbezogene, realitätsnahe Materialien für den Mathematikunterricht.

Aufgabe:

> „Ist die marktübliche 1-Liter-Milchtüte mit quadratischer Grundfläche verpackungsminimal hergestellt?"

Ein erster Lösungsansatz, den die Schülerinnen und Schüler selbst erarbeiten können, ist ein Würfel mit der Kantenlänge 10 cm. Allerdings haben Milchtüten für bessere Ausgieß- und Öffnungsmöglichkeiten einen Giebel. Aus Stabilitätsgründen muss außerdem der Boden verstärkt werden. Da somit durch Giebel und Grundflächenverstärkung der Materialverbrauch bei großer Grundfläche größer wird, kann der Würfel keine zufriedenstellende Lösung darstellen. Außerdem wurden die benötigten Klebefalze nicht berücksichtigt. Wir nehmen also Klebefalze und Faltungsschema als gegeben an. Es ergeben sich folgende Maßen, die an einer realen Milchtüte nachzumessen sind, dabei ist b die Länge der Grundseite:

Klebekante links:	1,5	cm
Klebekante oben:	1,0	cm
Klebeaufsätze unten/ oben:	0,7	cm
Bodenteile:	$b/2$	
Deckelteile:	$b/\sqrt{3}$	

---

[10] Siehe 2

Die Maße der Boden- und Deckelteile können die Schülerinnen und Schüler eigenständig durch geeignete Vereinfachungen und Idealisierungen erarbeiten.

Das so entstandene Realmodell muss nun in ein mathematisches Modell überführt werden. Nach Umstrukturierung der Klebeaufsätze, kann die Zielfunktion m in Abhängigkeit von der Länge der Grundseite b und der Höhe h

$$m(b,h) = (4b + 1,5)(h + b/2 + b/\sqrt{3} + 1,7)$$

aufgestellt werden.

Die Nebenbedingung lautet $V(b,h) = b^2 h = 1000$. Überprüft man diese Nebenbedingung mit den realen Maßen, ergibt sich eine Überraschung. Mit b = 7 cm und h = 19,5 cm ergibt sich ein Volumen von etwa 955 cm^3. Bei einer Schülerdiskussion, ob ein Betrug vorliegt, kann der Lehrkörper eine gefüllte Milchtüte vorstellen. Die Schülerinnen und Schüler können selbst bemerken, dass der Quader bauchig ist. Man kann nun eine erneute Idealisierung vornehmen und annehmen, dass sich bei den Maßen, die sich bei der Lösung der Aufgabe ergeben werden, eine ähnlich Bauchigkeit ergibt. Dies muss nach Erarbeiten der mathematischen Lösung überprüft werden. Es entsteht also ein neues Realmodell.

Die Nebenbedingung lautet also $V(b,h) = b^2 h = 955$.

Formt man die Nebenbedingung nach h um und setzt h dann in die Zielfunktion m ein, ergibt sich die von b abhängige Funktion $m(b) = (4b + 1,5)(955/b^2 + b/2 + b/\sqrt{3} + 1,7)$.

Nach Ausmultiplizierung, Zusammenfassungen und geeigneten Rundungen erhält man

$$m(b) = 4,3b^2 + 8,4b + 3820/b + 1433/b^2 + 2,6.$$

Alle diese Schritte können von den Schülerinnen und Schülern selbstständig erarbeitet werden, der Lehrkörper kann weitgehend im Hintergrund bleiben.

Nun ergibt sich die Frage für welche Werte von b der Graph von m(b) minimal wird.

Die Schülerinnen und Schüler bilden die Ableitung von m und setzten sie gleich null:

$$m'(b) = 8,6b + 8,4 - 3820/b^2 - 2866/b^3 = 0$$

Nun muss im Unterricht thematisiert werden, wie eine algebraische Gleichung viertes Grades gelöst werden kann. Bei großen Werten von b dominieren die ersten beiden Summanden und m'(b) wird größer null, bei kleinen Werten von b dominieren die beiden hinteren Summanden und m'(b) wird kleiner null. Da m' auf einem geeigneten Intervall stetig ist, muss eine Nullstelle vorliegen. Ein Näherungsverfahren liegt nahe. Man beginnt am besten mit dem realen Wert b = 7. Es ergibt sich b ≈ 7,6.

Setzt man nun b ≈ 7,6 in $m''(b) = 8,6 + 7640/b^3 + 8598/b^3$ ist m''(b) größer null. Also liegt bei b ≈ 7,6 ein lokales Minimum vor. Es ergeben sich folgende Maße für die optimale 1-Liter-Milchtüte:

Höhe: 16,5 cm

Grundseite: 7,6 cm

Material: 842 cm^2

Vergleicht man diese Maße mit denen der realen 1-Liter-Milchtüte, stellt man fest, dass bei der realen Milchtüte etwa ein halbes Prozent mehr Material verwendet wird. Man kann annehmen, dass die Bauchigkeit genügend berücksichtigt wurde.

Nach einer Schülerdiskussion kann sich folgende Fragestellung ergeben, die als Hausaufgabe bearbeitet werden kann:

> Ist die marktübliche 0,5-Liter-Milchtüte mit quadratischer Grundfläche verpackungs-minimal hergestellt?

Nach ähnlicher Rechnung ergeben sich für die optimale 0,5-L-Milchtüte folgende Maße:

Höhe: 13,6 cm

Grundseite: 6,0 cm

Material: 555 cm^2

Es werden gut 2 Prozent mehr Material bei der realen 0,5-L-Milchtüte benötigt. Vergleicht man die Grundseitenlängen der realen (bei beiden Volumina 7cm) und der optimalen 0,5-Liter- und 1-Liter-Milchtüten stellt sich eine neue Frage:

> Sind, unter der Annahme, dass die 0,5-Liter- und die 1-Liter-Milchtüten zu gleicher Anzahl produziert werden, die Milchtüten doch verpackungsminimal hergestellt?

Man kann feststellen, dass bei der Massenproduktion von Milchtüten eine gemeinsame Grundseitenlänge von 0,5-Liter- und 1-Liter-Milchtüten von Vorteil ist. Außerdem können die Schülerinnen und Schüler bemerken, dass bei dem gegebenen Stanzmuster so gut wie kein Abfall entsteht.

Nach ähnlicher Rechnung wie zuvor, können die Schülerinnen und Schüler zum Ergebnis gelangen, dass bei der gemeinsamen Herstellung von 0,5-Liter- und 1-Liter-Milchtüten der Materialverbrauch minimal ist.

Interessante Folgefragestellungen sind die Untersuchungen von 2-Liter-Tüten, rechteckigen Tüten oder die Betrachtung der Bauchigkeit.

Bei der Milchtütenaufgabe muss der Modellbildungskreislauf mehrmals durchlaufen werden, wo besondere Schwerpunkte die Schritte Validierung und Interpretation sind. Aus der ersten Fragestellung ergeben sich vielfältige Fragestellungen, die die Schülerinnen und Schüler selbst erarbeiten können.

Rechner können bei der „Milchtütenaufgabe" sehr gut eingesetzt werden. Die Schülerinnen und Schüler können beispielsweise den Graphen der Ableitungsfunktion zeichnen und durch ablesen der Nullstellen bestimmen, oder Ableitungen und Nullstellen errechnen lassen. Bei dem Extremwertproblem „Milchtüte" stammt die Fragestellung aus der Realität. Ökonomische und ökologische Gesichtspunkte stehen im Vordergrund. Die Schülerinnen und Schüler müssen sich mit der Wegwerfkultur und den Begriffen Ökologie und Ökonomie auseinandersetzen. Eine Sensibilität für die Rolle der Mathematik in der Realität kann bei den Schülerinnen und Schülern geschaffen werden. Sie können verstehen, dass Mathematik in vielen Bereichen unseres Lebens vorhanden ist, auch wenn man es selbst nicht bemerkt.

6. Literaturverzeichnis

BLUM, W., TÖRNER, G.: *Didaktik der Analysis*, Göttingen: Vandenhoeck & Ruprecht, 1983.

BLUM, W.: *Anwendungsorientierter Mathematikunterricht in der didaktischen Diskussion.* MS 32 (2), 1985, S. 195-232.

EBENHÖH, W.: *Mathematische Modellierung – Grundgedanken und Beispiele.* MU 36 (4), 1990, S. 5-15.

HERGET, W.: *Mathe-Aufgaben – einmal anders!?* mathematiklehren, Heft 68, 1995, S.64-65.

HERGET, W., JAHNKE, T., Kroll, W.: *Produktive Aufgaben für den Mathematikunterricht in der Sekundarstufe I.* Berlin: Cornelsen, 2001.

JAHNKE, T., WUTTKE, H.: *Mathematik 11. Schuljahr.* Berlin: Cornelsen, 2000.

KAUNE, C.: *Weiterentwicklung des Mathematikunterrichts: Die kognitionsorientierte Aufgabe ist mehr als „die etwas andere Aufgabe".* MU 47, Heft 1, 2001.

SCHMIDT, A., SCHWEIZER, W.: *Analysis Zwei – Leistungskurs.* Stuttgart: Klett, 1989.

SCHMIDT, S.: *Mathematik als Entscheidungsgrundlage.* MU 38 (4), 1992, S. 10ff.

TIETZE, U., KLIKA, M., WOLPERS, H.: *Mathematikunterricht in der Sekundarstufe*, Braunschweig/ Wiesbaden: Vieweg, 1997.

WINTER, H.: *Divergentes Denken und quadratische Gleichungen.* mathematiklehren, Heft 28, 1988, S. 54ff.